探索 宇宙奥秘

造访月球

科普文化站◎主编

应急管理出版社
·北京·

图书在版编目（CIP）数据

造访月球／科普文化站主编． －－北京：应急管理
出版社，2022（2023.5 重印）

（探索宇宙奥秘）

ISBN 978 - 7 - 5020 - 6142 - 5

Ⅰ．①造… Ⅱ．①科… Ⅲ．①月球—儿童读物 Ⅳ．
①P184 - 49

中国版本图书馆 CIP 数据核字（2022）第 035168 号

造访月球（探索宇宙奥秘）

主 编	科普文化站
责任编辑	高红勤
封面设计	陈玉军

出版发行　应急管理出版社（北京市朝阳区芍药居 35 号　100029）
电　　话　010 - 84657898（总编室）　010 - 84657880（读者服务部）
网　　址　www. cciph. com. cn
印　　刷　三河市南阳印刷有限公司
经　　销　全国新华书店

开　　本　880mm×1230mm$^1/_{32}$　印张　24　字数　430 千字
版　　次　2022 年 11 月第 1 版　2023 年 5 月第 2 次印刷
社内编号　20200873　　　　定价　120.00 元（共八册）

宇宙是怎么诞生的？银河系是如何被科学家发现的？除了太阳，太阳系家族还有哪些成员？恒星离我们有多远？月球车在月球上发现了什么？航天员在太空中是怎样生活的……宇宙是如此浩瀚而神秘，激发着我们的好奇心和求知欲，驱使着我们不断地去探索、去揭开那些鲜为人知的奥秘。

为了满足孩子们的好奇心和求知欲，激发他们的科学探索精神，我们精心编排了这套《探索宇宙奥秘》丛书。这是一套图文并茂的少儿科普书，集趣味性、知识性、科学性于一体，囊括了太阳系、银河系、地球、恒星、月球等天文学知识。本系列丛书从孩子的视角出发，精心选取孩子感兴趣的热门话题，根据他们的阅读特点和认知规律进行编排，以带给孩子美好的阅读体验。

赶快翻开这本书，让我们一起推开未知世界的大门，尽情感受宇宙的广阔与奥妙吧！

目录

月球的起源 / 4

月球的形态 / 8

月球内部的结构 / 10

月球的岩石 / 12

月球上的"环形山" / 16

月球上的低洼平原 / 19

月球上的风暴洋和雨海 / 23

月球上的高原和陆地 / 26

月球上的山脉 / 28

月湖、月湾、月谷、月溪和熔岩流 / 31

月球的运动 / 34

月球的环境 / 38

月　尘 / 41

月　壤 / 44

月　光 / 46

月　食 / 50

血月和蓝月 / 54

月　相 / 57

月　震 / 61

月球磁场 / 65

月球的背面 / 68

月球上的神秘飞行物 / 71

月球上的建筑 / 73

月球上的奇异迹象 / 75

月面暂现 / 77

月球里的现象 / 81

月球景观 / 85

人类的登月之旅 / 88

月球车的探月活动 / 92

月球的起源

月球是我们最熟悉的星球。虽然人类早已踏上月球，但月球依然是一颗非常神秘的星球，有无数的秘密等待人类去揭开！关于月球的起源，主要有四种假说，即同源说、分裂说、俘获说和大碰撞分裂说。

同源说

同源说是在 18 世纪提出的，提出该学说的是法国的博物学家布封。他推测月球与地球有着一样的起源，即二者都是由同一个星云形

超神奇！

大碰撞分裂说具有同源说、分裂说、俘获说的所有优点，并取得了一定的证据，目前已经得到越来越多研究者的认同。

成的，按照这种理论，地球的年龄和月球的年龄应该不相上下。

分裂说

分裂说认为月球和地球均是从一团宇宙尘埃中生成的。起初月球只是地球赤道的隆起部分，在太阳的引力和地球的快速自转作用下，隆起部分"飞"了出去，分裂为卫星，变成了月球。但是地球的惯性离心力要达到把月球抛出去的程度是不可能的，而且两者的化学构

成也有很大差别，因此这一假说现在已被大多数科学家摒弃。

俘获说

　　俘获说认为月球原先是太阳系里一颗普通的小行星，由于一次偶然的机会，它行近地球时被俘获，成为地球的卫星。实际上，如果小行星从地球旁经过，其只能略微改变一下轨道，是不可能被地球俘获过来的。

大碰撞分裂说

　　大碰撞分裂说认为，在太阳系早期形成了原始地球和一个火星般大小的天体，即月球。这两个天体在演化过程中，均形成了以铁为主的金属核和由硅酸盐组成的幔和壳。后来两个天体发生强烈的碰撞，导致原始地球的轨道发生了偏斜，火星般大小的天体碎裂，壳和幔受热蒸发，膨胀后的气体"裹挟"着尘埃飞离地球。

宇宙科学馆

卫星距离行星达到一定程度时，受潮汐作用影响，自身会解体，这个使卫星解体的距离的极限值被称为洛希极限。

火星般大小的天体在碰撞后，飞离的金属核因受到飞离气体的阻碍而减速，最后被吸积在地球上并变成了地球的一部分。而飞离的气体尘埃受地球的引力作用，一部分落在洛希极限内，一部分落在洛希极限外。位于洛希极限外的物质，通过吸积先形成几个小天体，随后不断吸积，像滚雪球似的，最后形成了月球。

月球的形态

月球是第一个人类登陆过的地球以外的天体，这对人类考察月球、深度了解月球具有重要的意义！

月球的模样

人类首次用肉眼近距离观察月球，是在 1968 年 12 月美国的"阿波罗"8 号飞

宇宙科学馆

1968 年 12 月 21 日，美国的"阿波罗"8 号飞船发射成功，这标志着人类第一次离开近地轨道并绕月球航行的太空任务圆满成功。

船绕月飞行的时候。令人没有想到的是，月球这个在人类心目中最美丽的"女神"，竟然长得十分"丑陋"。

宇航员博尔曼说："它（月球）真的是一片不毛之

地，它像一块被上百万颗子弹射击过的灰色钢板。"

体态特征

月球是离我们最近的一个天体，月球中心与地球中心的距离只有约38.44万千米，相当于地球半径的60倍。月球的直径约是地球的1/4，质量是地球的1/81，引力是地球的1/6。月球的面积约3800万平方千米，差不多是地球面积的1/14，比我们亚洲的面积略大一些。月球的体积约220亿立方千米，

地球的体积几乎是它的49倍。月球的平均密度约3.34克/厘米^3，是地球密度的60%，换句话说，月球不如地球瓷实。

超神奇！

由于没有空气散射光线，所以在月球上，星星看起来不再闪烁了，而且太阳和星星是可以同时出现的。

月球内部的结构

科学家们通过研究月球的一些数据发现，月球内部也有清晰明了的圈层结构，分别是月壳、月幔、月核三个圈层。

月壳

月壳是月球的最外层，厚 60~65 千米，它主要分为两部分：高

地月壳和月海月壳。在月壳的高地岩石中，有一种在撞击作用下形成的岩石——角砾岩。

高地月壳是由斜长岩组成的，月海月壳是由玄武岩组成的。位置不同，月壳的厚度也大不相同，一般情况

下，月球正面的月壳
要比月球背面
的月壳薄。

月幔

月幔是月球内部结构的中间层，深度为65~1388千米，是月球的主要组成部分，月球一半以上的体积都是月幔。

月幔分为上月幔、下月幔两部分。上月幔深度为65~185千米，下月幔深度为185~1388千米。上月幔和下月幔主要由辉石和橄榄石组成。

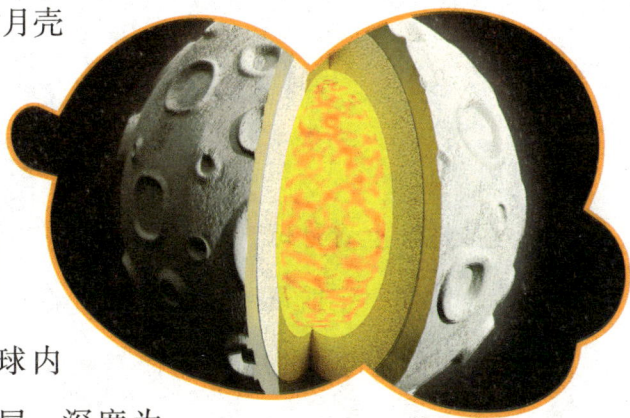

月核

月球的最中心部分就是月核，月核的温度为1000~1500℃，由此可推断，月核可能是熔融状态或液态。

超神奇！

2019年，由我国"嫦娥"四号探测器带回的数据，证实了"月幔中含有橄榄石"这一结论的正确性。

月球的岩石

从地球上看月球，我们看到的是一个明亮、洁白的天体。然而，宇航员踏上月球后，看到的却完全不同，他们所见的是奇妙的月球岩石。

月球岩石的年龄

科学家们研究发现，月球岩石有的比太阳还古老。第一位降落在月面静海的宇航员阿姆斯特朗随手捡到的月球岩石，其历史都在 36 亿年以上。后来，科学家们在地球的格陵兰岛上也发现了一些古老的岩石，这些岩石的历史也有 36 亿年以上，可能与月面静海的岩石一样古老。

在 1973 年的世界月球研讨会上，有一块月球岩石被宣称有 53 亿年的历史。令人困惑的是，这些岩石竟然被科学家认为是采自月球上"最年轻"的区域。

科学家们从月球岩石标本中发现了大量的氩40，从而得出了这样的结论：月球的年龄约为70亿年，月面上的沙砾比月面上的岩石还要古老10亿年左右。

月球岩石的成分

对月球岩石成分的分析表明，月球岩石中标本所含钛金属的量是地球上含钛量最高岩石的10倍；而且，它们不仅含钛，还含有大量耐高温、耐腐蚀、对人类来说非常稀有的金属——锆、钇、铍等，而这些金属是人类已知的强度最高、极耐高温的金属。

超神奇！

人们时常在想：为什么月球不会掉下来呢？因为在地球的向心力和月球旋转的离心力的相互作用下，月球会沿着一条固定的椭圆形轨道转动，所以它不会掉下来。

月球岩石的类型

通过观察从月球上带回的岩石样品，根据其结构和成因的不同，可将月球岩石分为三个种类：结晶质火成岩、角砾岩、月壤或月尘。

月球岩石里的玻璃

科学家们在检测月球岩石标本时发现，与地球岩石相比，月球岩石里面含有玻璃。

月球岩石里玻璃的位置非常不固定，它们有的粘在岩石砂层中，有的渗在岩石内部，这是一种非常奇妙的现象。从渗入岩石内部的玻璃切片来看，玻璃大多呈旋涡状，这说明这些玻璃在凝固之前是流动着的。有人认为，这是因为陨星撞击月面时产生高温高压，使玻璃熔化，渗入岩石中，时间一长，玻璃便冷却凝聚在了岩石内部。

月球岩石中的玻

宇宙科学馆

月壤是月面上的碎屑覆盖层的统称。月壤主要由岩石碎屑、玻璃碎块等组成，含有丰富的铝、钾、钡等金属元素和稀土元素。

璃具有很长的寿命。据科学家们测定，月球岩石中玻璃的寿命与月球岩石具有同样的年龄。在地球上，找到天然玻璃是非常困难的一件事，但是在月球上，随处可见到天然玻璃，而且其寿命都很长。

克里普岩

克里普岩是月球上的一种岩石，它最早是在"阿波罗"12号飞船所采集的月壤样品的浅色细粉末中被发现的，后来人们发现它在月陆上分布广泛。克里普岩因富含钾、稀土元素和磷而得名。此外，克里普岩还含有铀、钍等放射性元素。

美国于1994年1月25日发射的"克莱门汀"号和1998年1月7日发射的"月球勘探者"号月球探测器的探测资料表明，月球正面的风暴洋区域可能就是克里普岩的分布区域。一些专家通过模式计算发现，克里普岩中稀土元素、钍、铀的资源量十分丰富。

月球上的 "环形山"

月球上有很多形状奇特的环形山，它们中间凹陷，外围是隆起的山环。严格地说，环形山实际上就是一些坑而已。

环形山形成的原理

月球上大多数的环形山，是在 30 亿年前由陨石撞击月球形成的。当大块的岩石和陨石猛烈地穿过太空，并以极快的速度撞向月球时，因为没有大气的阻挡，它们便直冲而下，然后在月球表面发生连续的爆炸，最后在月球上炸出了一个个大大小小的洼坑，从而形成了今天的环形山。

关于月球上环形山的形成原因，还有一种观点认为，月球发生过猛烈的火山爆发，环形山就是由喷射出来的物质凝结而成的。由于月面重力只有地球的 1/6，所以火山喷发的规模大，

往往形成巨大的环形山。不过现在公认的看法是：月球上的环形山，主要是由陨石撞击形成的，而由火山爆发形成的环形山只占一小部分。

环形山的种类

环形山的构造复杂，种类繁多。按照它们形成的先后顺序，可分为古老型和年轻型两大类。古老型的环形山很不规则，并且大多已坍塌，上面重叠着圆形的小环形山及其中央峰。那些高高在上的环形山都是一些比较年轻的环形山。

超神奇！

月球的物理性质与地球不同，人在月球上会有许多特殊感受。月球上的引力太小，因此人在上面走起路来轻飘飘的，十分费力，所以宇航员在月球上行走时一般是跳跃着前进的。

环形山的特征

首先，环形山是近似圆形的坑。其次，环形山大

小不一，直径相差很大，小环形山的直径只有几十厘米或更小，大环形山的直径可达上百米，最大的环形山是月球南极附近的贝利环形山，直径约 295 千米。

第谷环形山

早在 1645 年，第谷环形山就已经出现在了人类绘制的月面图上。第谷环形山是月球中很显眼的一个撞击坑，其边缘非常清晰且完整，位于月球的南半球，是以丹麦天文学家第谷·布拉赫的名字命名的。它是月球表面非常著名的环形山之一。

第谷环形山的周围布满了大大小小的坑穴，人们普遍认为那些比较小的坑穴是第谷环形山溅射出较大的喷出物后，又进行过一次溅射所形成的。

宇宙科学馆

"环形山"这个名字是由伽利略起的，在希腊语中，环形山是"盘子"的意思。

月球上的低洼平原

我们用肉眼遥望月球看到的一些黑暗色斑块其实是月球表面上一些较为低洼的平原，科学家称其为月海。

月海的数量和面积

月球表面共有 22 个月海，其中月球正面有 19 个——风暴洋、雨海、蛇海、冷海、澄海、静海、丰富海、浪海、危海、湿海、云海、岛海、洪堡海、泡沫海、史密斯海等，月球背面有 3 个——东海、莫斯科海和智海。

月球正面的月海面积约占半球面积的 50%，月球背面的月海面

超神奇!

位于月面中央的静海，面积约 42 万平方千米，虽然面积不大，其知名度却不小，是当年阿姆斯特朗乘坐"阿波罗"11 号宇宙飞船着陆的地点。

积很小，仅约占半球面积的 2.5%。

月海的特征

月海虽然叫作"海"，其实是徒有虚名的，因为月球上根本没有水。大部分月海具有圆形封闭的特征，周围是山脉，严格来说，月海类似于地球上的盆地，表层覆盖着类似地球玄武岩的岩石，即月海玄武岩。月球正面的月海多而大，大多是相互沟通的，

宇宙科学馆

与月球的正面不同，月背中央附近是没有月海的，但月背有一些直径在 500 千米左右的圆形凹地，称为类月海。

整体看上
去是一个以
雨海为中心的
大型环形结构；
月球背面的月海少而
小，且都是独立存在、互不相通的。月球背
面的东海又名东海盆地，是月背上典型的冲击盆
地，直径约 1000 千米。人造月球卫星拍下的东海盆地的
照片上清晰地显示出东海外围有 3 层山脉，这些山脉形
成了巨大的环形构造区。

月海的形成原因

　　关于月海的形成
原因，目前主要有两
种观点：一种观点
认为月海是小天体
撞击月球时，撞破了
月壳，月壳下面的月
幔流出后，玄武岩岩浆覆

盖了低地而形成的。另一种观点则认为，月球在形成后曾发生过较大规模的岩浆熔离过程和内部物质调整，逐渐形成了月壳、月幔和月核这三种结构。后来，月球在遭受小天体撞击后，形成了分布广泛的月海盆地。在这之后的很长一段时间里，月球又发生了多次剧烈的玄武岩岩浆喷发事件，使得玄武岩岩浆覆盖了月海低地，从而形成了现在的月海。

其实，这两种观点类似，区别就在于小天体撞击月球和玄武岩岩浆喷发发生的时间不同。第一种观点认为两个事件同时发生，第二种观点则认为两个事件发生在不同的时期。

月球上的风暴洋和雨海

风暴洋的面积约为 228 万平方千米，是月球上最大的月海。雨海的面积约为 88.7 万平方千米，仅次于风暴洋，居第二位。

风暴洋

风暴洋地形多变，地势极其复杂，当风暴洋与月面西部的雨海、知海、湿海、云海及北部的冷海相遇时，可形成一幅极其壮观的景象。

此外，风暴洋中有很多著名的环形山，如第谷环形山、哥白尼环形山等。这些环形山分布在风暴洋

超神奇！

风暴洋主要由玄武岩组成，这些玄武岩是由远古的火山喷发所形成的，岩石年龄为 32 亿～40 亿年。风暴洋上除了玄武岩，还有富含钾、稀土元素、磷的克里普岩。

23

中就像光彩夺目的明珠，极其美丽迷人。

　　风暴洋位于月球正面的西北部，其特殊的地理位置使人类在此处的活动比较频繁。1969 年，美国的"阿波罗"12 号载人飞船在风暴洋着陆。1971 年，美国"阿波罗"14 号载人飞船在风暴洋处着陆。此后，苏联的"月球"9 号、"月球"13 号和美国的"勘测者"1 号、"勘测者"3 号等月球探测器都曾在风暴洋软着陆。

雨海

　　从地形的角度看，雨海是封闭的圆环形，四周群山环抱，月球上一共有 15 条山脉，光雨海的周围就有 9 条，

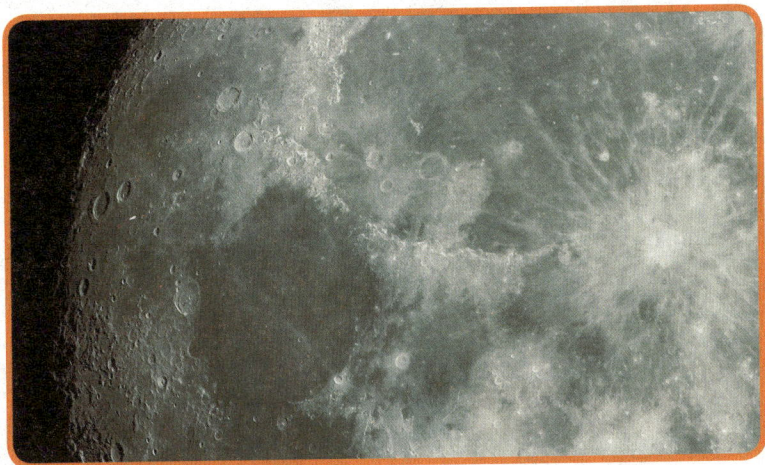

属于典型的盆地构造；从地势的角度看，雨海与风暴洋、澄海、静海、云海、酒海及智海共同构成了一个月海带，给人一种错综复杂的感觉，极为壮观。

2013 年 12 月 14 日，我国的"嫦娥"三号探测器降落在了雨海北部，首次尝试直接测量月球表面以下约 30 米深处的结构和月壤，并考察月壳下数百米深处的月球内部构造。

宇宙科学馆

关于雨海的形成至今依然疑点重重，有一种观点认为：雨海是由直径约 100 千米的小天体（陨星或小行星）撞击月面所形成的，再加上雨海的周围有大量的抛射物，最终形成了一系列山脉，如阿尔卑斯山脉、亚平宁山脉等。

月球上的高原和陆地

同地球一样，月球上也有高原、陆地等地形，让我们一起去探索月球上的各种地形吧！

月球上的高原

月球正面上的高原主要分布在月海的外围，在月球表面占据的面积较大，除此之外，月球

超神奇！

2022年3月，关于中国"嫦娥"五号探测器采回的月球土壤样品的最新研究成果发布。通过对月球土壤样品进行分析研究，相关人员准确测定出月壤样品中40多种元素的含量。

的背面也有大部分的高原。

研究发现，虽然高原分布在月海的外围，但是高原岩石里的化学成分与月海中岩石的化学成分是不同的，高原上的岩石颜色非常浅。

月球上的陆地

月球上的陆地，简称月陆，就是月面上高出月海的区域，也被称为月球高地，一般比月海表面高2000~3000米。月陆的返照率较高，因而看起来比较明亮。在月球正面，月陆的面积基本与月海面积相等；但在月球背面，月陆的面积则要比月海的面积大得多。人们根据同位素测定得知，月陆比月海要古老得多，是月球上最古老的地形。

宇宙科学馆

月陆表面主要由结晶岩石组成，岩石的类型有斜长岩和富含镁的结晶岩套。

月球上的山脉

月球山脉又叫作月球山系，它是月面上连绵不断的险峻山带，主要分布在月海的边缘。

月球山脉的特征

月球上的山脉与地球上的山脉相差不大，形状多种多样。但是，月球上的山脉要比地球上的山脉险峻得多，而且，月球山脉完全由坚硬无比的岩石构成，因此，月球山脉上是寸草不生的。月球山脉两边的坡度极其不对

称，其中，面向月海的一侧坡度很陡，有的甚至出现断崖状；另一侧则相当平缓。

月球山脉的形成原因

关于月球山脉的形成原因，天文学家普遍认为：一些小行星或者彗星以非常快的速度撞击月球的表面，在撞击的瞬间，月壳会发生位移和隆

超神奇！

在月球南极附近有一座非常高的山脉，名为莱布尼茨山脉，其高度根据我国的嫦娥一号探月卫星测量所得，这座山脉的最高峰比地球上的最高峰珠穆朗玛峰还要高。

起，于是在很短的时间内，便形成了高大的山脉。

月球山脉的命名

月球上的山脉多以地球上的山脉命名，如亚平宁山脉、阿尔卑斯山脉等。月球上的山脉数量并不多，最长的为亚平宁山脉，它的顶端有两个大圆环，这两个大圆环就是厄拉多塞内斯环形山和斯塔杜斯环形山。

宇宙科学馆

月面上的阿尔卑斯山脉，虽然无法与地球上高大雄伟的阿尔卑斯山脉相比，但它也是高山深谷，观赏起来别有一番风光。

月湖、月湾、月谷、月溪和熔岩流

月球上除了月海、月陆、山脉等地形以外，还有月湖、月湾、月谷、月溪和熔岩流。

月湖和月湾

月湖与地球上由河流筑坝形成的湖相似，外形多为长条状或不规则状，主要位于月球上较低且面积较小的暗黑色地带。月湖命名很有特点，很多以季节或与情绪相关的词语来命名，如春湖、冬湖、喜悦湖、悲伤湖、恐惧湖等。在月球表面共有20个月湖，其中梦湖的面积最大。

月湾是指月海伸向月陆的部分，由于其形状像地球上的海湾，所以得名月湾。月球正面最大的月湾叫作露湾，它位于风暴洋的最北部。除此之外，月球正面的暑湾和眉月湾也比较大，其中暑湾位于月球正面赤道附近的中央区域，眉月湾位于雨海东部。

超神奇！

眉月湾的地理位置非常奇特，它被阿基米德、奥托里库斯和阿里斯基尔3个月坑环绕。

月谷和月溪

在月面的不少地区，分布着一些暗色大裂缝，弯弯曲曲，绵延数百千米，宽几千米甚至数十千米，这些大裂缝看起来就像地球上的沟谷一样，较宽的被称为月谷，较细长的被称为月溪。

月谷多分布在月球表面比较平坦的地方，最著名的月谷是阿尔卑斯大月谷，

宇宙科学馆

阿尔卑斯大月谷是指将月球上的阿尔卑斯山脉一分为二的月谷，是弗朗西斯科·比安基尼在1727年发现的。

地球上的人使用天文望远镜就能看到阿尔卑斯大月谷。

在月球的表面随处都能够看到月溪。根据形态特征的不同，月溪可分为四种：直月溪、弓形月溪、蜿蜒曲折的月溪和不规则的月溪。

月球上的熔岩流

月球上的熔岩流是指月球上的一些蛇形渠道，这些蛇形渠道是熔岩流经过数十亿年形成的。数十亿年前的熔岩流会先冷却成固态，之后，熔岩流内部的液体会逐渐溢出，月球的表面在熔岩的流动侵蚀下，逐渐出现一条条的裂缝，最后就形成了弯曲的月谷和月溪。

月球的运动

作为地球唯一的天然卫星，月球在地球引力的作用下围绕地球不停地运转着。此外，月球也在随着地球绕太阳运转。

宇宙科学馆

白道是指月球绕地球运行的轨道。黄道是指从地球上看到的太阳一年"走"过的路线。

月球的公转

月球自西向东围绕地球做的周期性运动就是月球的公转。月球绕地球旋转一周需要 27.3 天，称作一个恒星月。

月球公转有 3 个特点：一是月球自西向东围绕地球做的周期性运动，在它的轨道平面里不是固定的；二是白道不在地球绕太阳运行的黄道平面里；三是黄道和白道两平面的交角是时刻变化的。

月球的自转

除了绕地球公转，月球本身还在自转。因此月球上和地球上一样，都有白天与黑夜。但是，月球的自转速度很慢，转一周大约需要 27.3 天。也就是说，月球上的一个白天和一个夜晚都相当于地球上的两个星期。这是因为地球自转一周的时间为一天，即 24 小时，而月球自转一周，正好是绕地球转一周。因此，我们从地球上只能看见月亮的一面，而且始终是同一面。所以月球上的白天、黑夜和地球上的大不一样，无论是白天还是黑夜，都要比地球上长得多。

影响月球运动的因素

影响月球运动的因素有很多，其中包括地球的引力、太阳的引力及潮汐作用。

在太阳系的所有天体中，月球对地球的潮汐作用要比太阳对地球的潮汐作用大。相关研究指出，月球的潮汐作用会让地球的自转变得很慢，当地球自转变慢以后，月球就会向外做螺旋运动，再加上地球对月球的潮汐作用，就会使得月球的自转周期与月球的公转周期相同。

日月会合运动

月球在围绕地球运动时，也会随着地球围绕太阳一起运行，在这一过程中，太阳、月亮和地球的相对位置会发生周期性变化，而我们看到的太阳和月亮周期性地会合和分离，就是日月会合运动。

当月球处于地球和太阳之间时，我们看到的月球和太阳是会合的，这种情形称为

"朔"。当地球处于太阳和月球之间时，我们看到的月球和太阳是分离的，这种情形称为"望"。

天平动

在古代，一些天文学家在观测月球时发现：月球在围绕地球公转的过程中，面向地球的那一部分月面的边缘会出现摇摆的运动，并且这个摇摆动作具有一定的周期性，就像摆动中的天平。经过不断的推断与观察，天文学家们发现这种现象是由月球轨道的偏心率、月球自转轴及月球绕地球转动的轨道面的法线的交角导致的，由于其与天平相似，因此天文学家们将这种现象称为天平动。

超神奇！

从地球上的某一时间点看月球升起，在第二天的同一时间点，月球早已向东运行了约13度，再加上地球自转约13度，所以，月球升起的时间会比前一天推迟约50分钟。

月球的环境

在过去，人们常常认为月球上的环境与地球上的环境是一样的，但当宇航员踏上月球时才发现，原来，人在月球上会有许多与在地球上时迥然不同的特殊感受。

没有大气层的月球

月球上之所以没有大气层，是因为月球质量太小、月球上的重力也非常小，根本就留不住大气层。阳光照射时，比较轻的气体分子会向星际空间飞去，虽然能够留下一些质量较大的气体（如氩、氦），但是这些元素非常稀少。

宇宙科学馆

星际空间是指星体与星体之间的空间。人们发现当星光穿过星际空间时，星光的亮度会大大减弱，由此，天文学家们推测，星际空间中不是绝对的真空，那里是有物质存在的。

正是因为月球上没有大气层，所以月球上也就不会有雾、雹、霜、露、雨、雪等天气现象。

正是因为月球上没有大气层，所以当阳光直射在月球表面上时，就不会出现折射及反射现象，因此，月球上是没有又高又远的蓝天的，也正是因为如此，就算是在白天，月球也是一片漆黑。

"无声"的月球

声音通常通过空气传播，由于月球表面几乎没有空气，所以月球上无法传播声音。在月球上如果不借助特殊的仪器，即使有个人站在你面前大喊大叫，你也听不到任何声音。

温度差异

由于没有大气层的保护，月球表面被太阳照射到的地方，温度很高；没有被太阳照射到的地方，温度则非常低。因此，人类乘宇宙飞船登陆月球时，在这两种地区降落都不行，可以降落在这两种地区相交的地方，那里的温度既不太高也不太低。

方向辨别

月球上也有东南西北，但不能用指南针辨别方向，因为月球磁场非常弱，磁针转动不灵，所以宇航员大多根据太阳的影子来推算方向。

超神奇！

我们的祖先称日、月为太阳、太阴，意思是太阳和月亮作为一阳一阴，对地球上的生物有着重要的影响。

月　尘

　　月球上的尘埃颗粒又细又小，在月面上随时随地都能看到它们的身影，虽然月尘非常细小，却给登陆月球的宇航员带来了极大的麻烦。

月尘的特点

　　第一，月尘的形状很不规则。

　　第二，月尘带有黏性，不易清除。

　　第三，月尘具有很低的热导率。

　　第四，月尘易于带电。

超神奇！

　　因为月球引力太小，人在上面走起路来头重脚轻，像喝醉了酒似的跟跟跄跄，一不小心就会摔跤。不过，就是摔下去也不疼，因为人是慢慢倒向月面的。

41

第一，月尘就像一把极小的刀子，可不要小看这把"小刀"，它能够划破宇航员坚韧的宇航服。

第二，由于月尘能够积聚静电，因此在电场作用下，细小的月尘会向上喷发，然后会像地球上的柳絮一样四处飘荡，当这些月尘覆盖在照相机、电池板上时，会使仪器过热而无法正常工作。不仅如此，月尘还会导致机械结构卡死、密封机构失效、光学系统灵敏度下降、部件磨损以及热控系统故障等。

第三，月尘也会危害人体健康，如使宇航员产

生过敏反应。如果月尘沾染
在宇航服上被带到登月舱
中，会使没有出舱的宇航
员出现呼吸困难等症状。

月尘的清理

要想清理月尘，必须先了解
月尘的成分。研究指出，月尘的组成成
分中有一半是二氧化硅，与地球上的玻璃相似，于是科
学家们猜测：可不可以将月尘转化为玻璃这样有用的东
西呢？

关于月尘的清理，科学家们做出了大胆的设想：首
先将微波发射器安装在月球车上，宇航员开着月球车，
然后将月尘烧成像玻璃一
样的道路，如此一来，没
有了月尘的月球表面就会
变得既干净又整洁。

宇宙科学馆

玻璃是地球上的
一种非晶无机非金属材
料，其主要成分为二氧
化硅及其他氧化物。

月 壤

月壤指月球上所特有的土壤。根据宇航员们带来的月壤样品得知，月壤中含有很多天然的矿物质，主要包括铁、金、银、铅、锌、铜、锑、铼等。

月壤的年龄

月球上岩石的古老程度已经让科学家们惊讶不已，但是经过研究发现，月

宇宙科学馆

2020 年 12 月 17 日凌晨，我国的"嫦娥"五号返回器携带着月球样品，在内蒙古四子王旗预定的区域安全着陆。

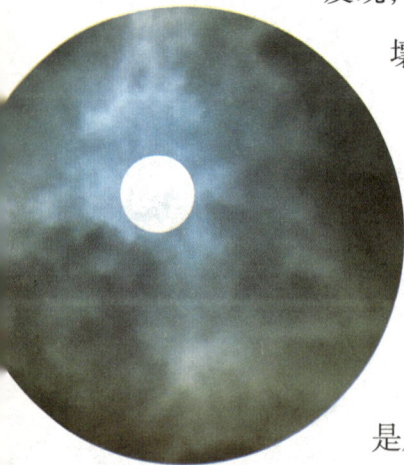

壤竟然比岩石还要古老，据分析，月壤的年龄至少比岩石大 10 亿年。这是非常不可思议的，因为月壤一向被认为是由岩石演变而来的，但化学分析显示，月球上的土壤并不是由岩石演变而来，似乎是从别处来的。

月壤是否可以栽种植物

我们知道地球上的大多数植物是生长在土壤中的，既然如此，科学家们提出这样一个问题：月壤能不能栽种植物呢？

2008 年，乌克兰的两位科学家用类似于月壤的土壤培育出了万寿菊。这个月壤的替代品是阿诺尔道西特岩粉末，是一种月球岩石。他们向阿诺尔道西特岩中加入了一些元素（如钾），这样植物便可以生长并开花了。这一实验的成功，说明月球上是完全有可能栽种植物的。

超神奇！

2021 年 6 月 26 日，在中国香港会展中心举行了"'时代精神耀香江'之百年中国科学家"的主题展暨月壤入港的揭幕仪式，至此，国家月壤在港正式亮相。

月 光

我们常常感叹月光的皎洁与美丽，古人也常常在月光下作诗和写字，但是你知道月光是怎么来的吗？

靠太阳发光的月球

很多人误以为月球会发光，其实月球本身并不能发光，它是靠反射太阳光而发光的，正是在太阳的帮助下，我们才能在夜晚看到一个发光的月球。

超神奇！

早在1800多年前，我国著名的天文学家张衡就已经提出月球不发光，而是靠反射的太阳光发光的观点。

月球上灰色的光

月球上的物体受到阳光照射时是白色的，而其他时候基本上都是黑色的。天文学家在观察蛾眉月时发现：除了被太阳照射的月牙是白色的，其他部分并不是全黑，而是泛着灰黄暗淡的光，像是灰色的光。

月球上之所以能够出现灰色的光，是由于地球把太阳光反射到了月面上，然后月面再将这个光反射回地面上所产生的。这个灰色的光并不是一成不变的，当地球上的海洋面向月球时，灰色的光就会变成浅蓝色；当地球上的陆地面向月球时，灰色的光就会变成淡黄色。

月光对地球植物的影响

我们都知道，植物的生长离不开太阳的照射，其实，月光也会影响地球上的植物。

科学家们通过研究发现，月光对植物的生长发育起

着很微妙的作用。例如，长期得不到月光照射的树木不但木质疏松，而且树干细弱易断；对于那些受到损害的木质纤维，太阳光的照射只会使它们形成更大的疤痕，但月光的照射却会使其损伤的部位愈合；等等。通过进一步的研究，科学家发现，月光对植物的影响远不止这些。例如，杜鹃花在月光下会开得稠密；栀子花和茉莉在较强的月光下香气更浓；等等。

　　法国学者曾在一本书中总结了各国合理利用月光的经验。例如，核桃在满月时打落，不仅油脂最丰富，还

容易被人体消化吸收；草莓应避免在满月和新月时栽种、剪枝和采摘。甚至有些农学家还建议，播种植物除按季节规律外，还要选择适合的月相，例如，在新月时宜种植山药、茄子、蚕豆、洋葱等；在上弦月时宜种植四季豆、萝卜、西红柿、芹菜、豌豆等；满月时宜播种大蒜、土豆等。这些都是月光对地球上植物的影响，因此，即使地球和月球是两个不同的星球，月球对地球也有很深的影响。

宇宙科学馆

月相是指人们所看到的月球表面发亮部分的形状，主要有朔（新月）、上弦、望（满月）、下弦四种。

月 食

月食是一种特殊的天文现象。古时候，人们不懂月食发生的原理，像害怕日食一样，对月食也心怀恐惧。

发生月食的原理

当地球运行到月球和太阳之间时，太阳光正好被地球挡住，这时，地球在背对着太阳的方向会出现一条阴影，即地

影。地影分为本影和半影两部分。本影是指没有受到太阳光直射的地方，半影是指受到部分太阳光直射的地方。月球在环绕地球运行过程中进入地影时，就会发生月食现象。

月食的全过程

月食是从月球的左边开始的。月全食的全过程可分为初亏、食既、食甚、生光、复圆 5 个阶段。

初亏：月球与地球本影第一次外切，标志着月食开始。

食既：月球的西边缘与地球本影的西边缘内切，月球刚好全部进入地球本影内，月全食开始。

食甚：月球的中心与地球本影的中心最接近，月全食达到高峰。

生光：月球东边缘与地球本影东边缘内切，这时月全食阶段结束。

复圆：月球的西边缘与地球本影东边缘外切，这时月食全过程结束。

月食的探索历程

早在1800多年前，中国汉代天文学家张衡就弄清了月食原理。

公元前4世纪，古希腊哲学家亚里士多德从月食时看到的地球影子是圆的，推断出地球是球形的。

公元前3世纪的古希腊天文学家阿里斯塔克和公元前2世纪的喜帕恰斯都提出通过月食测定太阳—地球—月球系统的相对大小。喜帕恰斯还提出在相距遥远的两个地方同时观测月食，来测量地理经度。

2世纪，托勒密利用古代月食记录来研究月球运动，这种方法一直沿用到今天。在火箭和人造地球卫星出现之前，科学家一直通过观测月食来探索地球的大气结构。

随着科学的发展，月食现象已经不那么神秘了，但人类对月球的探索才刚刚开始。随着不断探索月球的奥秘，相信人类对月食现象会有更多的发现。

月食出现的时间

由于白道和黄道有一个角度，所以月球并不是每个月都会转到地球的影子中，不可能月月都出现月食现象。只有每月农历十五前后，太阳和月球处于黄道和白道的交点附近时，才可能发生月食现象。

月食出现的时间是不固定的，一年会发生一两次，如果有一次月食发生在1月，那么这一年就有可能发生三次月食。有时一年中一次月食也没有，而这种情况比较常见，大约每隔5年，就有一年没有月食。

血月和蓝月

有关月亮的天象奇观，除了月食，就不得不提血月和蓝月了，它们都是美丽的天文现象。

血月出现的原因

月全食时，地球位于太阳和月球之间，挡住了太阳照射到月球的光线，太阳的光线经过地球大气层时会发生折射和散射，黄色、绿色、蓝色、紫色等光线的波长比较短，受到的散射影响较大，基本上被地球大气层散射掉了；而红色光线的波长较长，不易散射，因此红色光线通过大气层被折射到月球，最后出现"红月亮"，即血月。

超神奇！

人们一直以为中秋节晚上的月亮比一年中任何时候都要亮一些，但实际上并非如此。因为月亮与地球之间的距离有时远有时近，中秋佳节时，月亮并不是总在离地球最近的地方，所以不一定最亮。

2014 年 10 月 8 日，中国香港夜空出现血月。

2015 年 4 月 4 日，东方的天空中出现了血月，但持续时间较短。

2015 年 9 月 28 日，英国南部出现"超级血月"。

2018 年 1 月 31 日，美国洛杉矶夜空出现"超级蓝血月"。

2018 年 7 月 27 日，英国出现到当时为止 21 世纪时间最长的血月。

2019 年 1 月 21 日，在北美洲、南美洲、欧洲和非洲西部等地区出现超级血月。

2021 年 5 月 26 日，亚洲东部、大洋洲、北美洲西部、南美洲

宇宙科学馆

超级月亮通常是指近地点满月，当月亮位于近地点时正好是满月，月亮在地球上看起来格外大，也格外明亮。

55

西部等地区出现超级月亮、红月亮和月全食的组合，这种景象罕见。

这里所讲的蓝月并不是蓝色的月亮，而是一种罕见的天文现象。我们都知道相邻出现的两次满月在时间上总是相距 29.5 天左右，而我们规定的每月的天数一般为 30 天或 31 天，这就出现了一个时间差，使一个公历月内可能出现两次满月。天文学家把一个月内出现的第二次满月称为"蓝月"。

月 相

我们都知道，"人有悲欢离合，月有阴晴圆缺"。月亮的形状有时像弯弯的眉毛，有时像半个大烧饼，有时又好似圆圆的玉盘，我们将这种现象称为月相。

"月有阴晴圆缺"的秘密

月球绕着地球转，地球又带着月球绕着太阳转，使太阳、地球、月球三者的相对位置有规律地变动着。但

不管转到什么位置，地球和月球朝着太阳的那个半球总是亮的，背对着太阳的那个半球则是暗的。因此，从地球上看，月球就有了圆缺的变化。

超神奇！

在我国，自古就有"花好月圆""月有阴晴圆缺"的说法，满月往往代表着圆满、顺利和吉祥的意思。

月相的种类

农历每月初一左右，月球运动至地球、太阳的中间时，明亮的部分恰好背对地球，人们无法看到它，这时的月相被称为"新月"。

随着月球的运行，月球会变成弯弯的月牙，这时的月相叫作"上蛾眉月"。

到了农历初八左右，人们会看到半个月球，这时的月相称为"上弦月"。

满月之前的上蛾眉月、上弦月、盈凸月和满月之后的亏凸月、下弦月、下蛾眉月是两相对应的，它们两两的形状差不多，只是圆缺的位置发生了变化。

"上弦月"出现以后，月球会越来越圆，这时的月相称为"盈凸月"。

到了农历十五左右，月球明亮的一面正对着地球，人们会看到一个圆圆的月球，这时的月相称为"满月"。

月相周期

从新月到满月再到新月，就是月相变化的一个周期，这个周期为 29.53 天，称为"朔望月"。我国农历中的月份就是根据朔望月定的。每个月的朔为农历月的初一，望为十五或十六。现在我们过的春节、端午节、重阳节和中秋节等节日都是根据农历确定的。

月　震

　　在人类登上月球之前，科学家们认为月球是一个"死寂"的世界，但是自从"阿波罗"号飞船的宇航员降落月面并在月面设置了几台月震仪后，人们才知道，原来月球是一个极其"活跃"的世界。

月震的特征

　　第一，月震发生的次数较少，震动的级别也很小，记录显示，最大的月震震级相当于地球上里氏震级的4级。

　　第二，深源月震比较多，深度在700~1000千米。

　　第三，月震波需要在月球内部进行很多次回波反射。

　　第四，深源月震持续的时间要比浅源月震持续的时间短。

发生月震的原因

科学家们经过不断的研究发现，发生月震的主要原因为太阳和地球的起潮力。除此之外，太阳系内的一些较小天体（如陨石、彗星碎块）在撞击到月球时，也会发生月震。当月球上高温与严寒产生强烈的温度变化时，也会引起月面岩石的轻微震动。

月震的震动强度

月球研究者莱萨姆博士解释说："当月球发生乱哄哄

的微弱震动时，有时 2 小时发生一次，有时几天后才能平息下来。"

人类对月球内部进行探测起于"阿波罗" 12 号，当宇航员乘登月舱返回指令舱时，登月舱的上升段撞击到了月球表面，随即发生了月震。这使正在观测月球的美国国家航空航天局的科学家们目瞪口呆：月球"摇晃"震动了 55 分钟以上，而且由月震仪记录到的月面震动曲线显示，月面的震动是

超神奇！

在月面放置的月震仪十分精密，比在地球上所使用的地震仪的灵敏度高上百倍，它能测出月面百万分之一的微弱震动，甚至能捕捉到宇航员在月面上行走的脚步声。

从微小开始逐渐变大的。从震动开始到消失，时间长得令人难以置信。震动从开始到强度最大用了七八分钟，然后振幅逐渐减弱直至消失。这个过程大约1小时，而且"余音袅袅"，经久不绝。

微型月震

科学家们把多数月震称为"微型月震"。微型月震多发生在月面的裂隙上。所谓裂隙就是月面上延绵几百千米的窄而深的沟。不过有的科学家认为月面上并不存在什么裂隙。莱萨姆博士指出，微型月震和月壳的震动现象与月球内部的热能并无直接关联。这些微震中大一些的在里氏震级2级以上，而且震源深度不小于500米。

宇宙科学馆

2019年，美国的科学家们发表了一项报告，这项报告表明，月球至今仍然处于地壳构造的活跃期，它会随着月球表面的萎缩而不断发生月震。

月球磁场

月球磁场是科学家们研究月球内部构造的重要依据，正因为如此，月球上是否存在磁场以及磁场的成因，受到了科学家们的广泛关注。

月球上可能存在磁场

实际上，月球上并没有全球性的偶极磁场。但是，从采集回来的月球岩石样本中，科学家们惊奇地发现，月球岩石中具有天然的剩余磁化成分。这一发现证明月球在历史长河中，可能有一个全球性的磁场存在过。

超神奇！

数据显示，月球背面深凹的范德格拉夫洼地曾经存在微弱的磁场。

形成原因

虽然科学家们已经推测出，月球上可能曾经存在磁场，但是，关于月球磁场的形成原因，还存在着很大的分歧。目前，关于月球磁场的形成原因主要有以下四种观点。

观点一：月球在很久以前有过一个熔融的月核，这个月核能够产生一个全球性的磁场。

观点二：月球在几十亿年前，发生过一次巨大的变动，这次变动使月球岩石被加热到了一个无法想象的温度，当月球岩石经过很长时间冷却以后，在一个数千伽马的磁化磁场中，这些冷却的岩石被磁化，这样，月球便从中获得了磁性。

观点三：地球磁场或太阳风的作用使月球上的岩石获得了磁场。

观点四：月球上曾经存在的磁性是由撞击所形成的。

月球磁场的消失

对于月球上曾经存在的磁场为什么会消失，有些专家做过一个实验，最后得出了这样一个结论：在月球上质量非常轻并且流动的岩石，形成了熔岩"海洋"，当这些熔岩"海洋"从下面流向月球表面时，在月球表面留下了大量的放射性元素（如钍和铀），这些放射性元素在崩溃时释放出大量的热量，这些热量使得月球的内核变热，这样被加热的月球内核与月球的表面形成了对流，便产生了感应电流作用，月球上就产生了磁场。但是，当放射性元素的崩溃超越一定限度时，对流现象便会停止，那么感应电流作用也就消失了，正是这样的一个过程导致月球磁场消失了。

宇宙科学馆

由于月球具有几乎没有大气层、磁场、弱重力场和稳定的地质构造等特征，所以在月球上发射深空探测器比在地球上要容易得多。

月球的背面

月球自转的周期与绕地球公转的周期相同，总是同一面对着地球，所以人类从来看不到月球的背面。因此，人类开始大力探索月球的背面，接下来让我们一起去探索月球背面的秘密吧！

月球背面的探索之旅

1959 年 10 月，苏联的"月球"3 号探测器第一次拍到了月球背面的照片。

1965 年，苏联的"月球"8 号探测器从月球传来了月球背面更加清晰的照片。

1966 年，美国先后发射了 5 个月球轨道器，传来了月球背面的照片。

2019 年，中国的"嫦娥"四号探测器实现了人类探测器

首次月背软着陆，这对人类今后探索月球背面具有重大的意义。

2020年，中国的"玉兔"二号月球车探测出了月球背面的地质分层结构。

🌐 探索月球背面的意义

与月球正面相比，月球背面更加古老，这对研究太阳系和地球具有较大的价值，可通过对月球背面进行更加深入的探索，认识地球的"过往"。

月球背面的环境与月球正面的环境具有很大的差异，

🚀 宇宙科学馆

月球车是一种用于探测、考察和收集月球表面样本的形状如车辆的机器人。1970年苏联发射"月球"17号探测器把世界上第一台无人驾驶的月球车——"月球车"1号送上了月球，它共拍摄了几十幅月面全景图，并发回地球。在月球背面的探索历程中，月球车发挥了极其重要的作用。

其中宇宙的辐射程度、太阳风以及月面物质的相互作用也不同，若能准确探索出月球背面的环境，这对月球探测器的设计具有很大的帮助。

超神奇！

在我国天文学史上，祖冲之第一个提出月亮相继两次通过黄道、白道的同一交点的时间（即交点月）长度为 27.2123 日，与现在的推算值仅相差不到 1 秒。

冯·卡门撞击坑

冯·卡门撞击坑位于月球背面的南极艾特肯盆地中央，形成于 36 亿年以前，是太阳系中已知的最古老的撞击坑，是以美国著名航天工程学家冯·卡门的名字命名的。我国的"嫦娥"四号探测器在月球背面的软着陆点就在冯·卡门撞击坑。

月背环形山

月球背面的环形山中，共有 5 座以中国人的名字命名：石申环形山、张衡环形山、祖冲之环形山、郭守敬环形山及万户环形山。前 4 位是中国历史上著名的天文学家；万户则是明朝的一位官员，是世界上第一个尝试用火箭飞行的人。

月球上的神秘飞行物

地外星球上到底有没有生命存在？如果我们得知一个外星文明此刻正悄然在月球上默默发展和繁衍，我们是否会感到震惊？

超神奇！

月球虽然很小，但它与地球的距离比其他行星、恒星离地球的距离要近得多，因此，影响力就显著得多。

神秘的"雪人"

美国宇航员奥尔德林在月球上空拍到 28 张连续照片，可以清楚地看到一个神秘的飞行物体的飞行情况。两个粘在一起像"雪人"的奇怪飞行物体突然出现在月面的左侧。2 秒钟后，这个飞行物体慢慢地旋转起来，尾巴上出现了喷射的现象——它好像在排气。喷射停止后，在空中留下了长长的、流动的尾

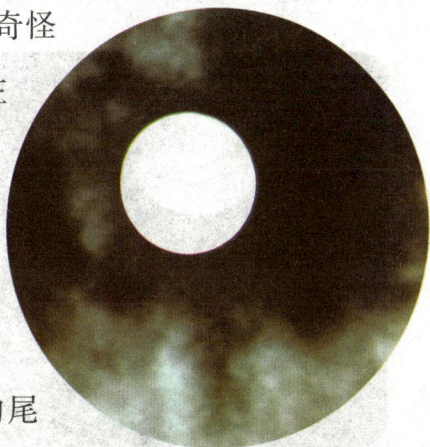

迹。神秘的飞行物往下降落，像要冲击月面似的，然而它又突然向反方向转弯，再次上升。随后，它再次飞临月面，同时发出强烈的亮光，并开始分离，变成两个发光物体，一大一小。不久，它们斜着身体向上升，之后便很快消失了。

"圆盖形"物体

宇宙科学馆

月球是离地球最近的星球，人类如果移民，那么它将是最好的选择。

1958 年，美国《天空与望远镜》月刊报道说，月球上发现有半球形的闪耀着光芒的"月球圆盖形物体"，这些物体的数目在不断变化，有的消失了，有的又重新出现，有的还会移动位置，它们的平均直径约为 250 米，这一现象让科学家们百思不得其解。

月球上的建筑

从宇航员带回的照片中可以看到，月球表面分布着绵延数千米的城市废墟，这些巨大的圆穹形建筑遗迹、数不清的地穴遗迹以及其他不明建筑，令科学家们震惊不已，他们不得不重新来审视月球。

不明建筑

"阿波罗"号和美苏空间站传回来的上千幅月球照片和视频资料，也向科学家们揭示月球上的确有某种不明文明活动的痕迹。

超神奇！

苏联天体物理学家米哈伊尔·瓦西厄和亚历山大·晓巴科夫分析研究了从月球带回的月岩标本说："月球可能是外星人的产物，在月球荒漠的表面下存在着一个极为先进的文明。"

一位美国科学家评论这些照片时说道："我们的宇航员拍摄到的月球上这些罕见的城市遗迹、透明的金字塔、圆穹形建筑以及一些只有上帝才知道是什么的玩意儿，都被美国国家航空航天局锁进了保险柜里。科学家和地质学家们怎么来看待照片上的这些不明物体呢？据我所知，他们认为那些东西绝非自然形成的，而是外星人造的，尤其是金字塔形建筑和圆穹形建筑。"

因为月球表面上一些像是废墟的物体或互相连接在一起，或呈几何形构造，所以科学家们认为它们不可能是自然的地质现象。在哈德利大裂缝的上部，距"阿波罗"15号降落地点不远处，科学家们发现了一座像是被D形墙壁包围的建筑。到现在为止，不同的类似于人造的物体在月球上44个区域被发现，美国国家航空航天局戈达德太空飞行中心和休斯敦行星协会的专家们目前正在研究这些区域。

不明建筑引发的思考

人们常常谈论外星人，事实上一个外星文明可能离我们很近！只是我们没准备好接受这个爆炸性的信息，即使到现在，也有些人根本不相信有外星人的存在。总之，月球上的不明建筑与物体还有待人们进一步的探索。

宇宙科学馆

因为月球离地球很近，相比其他星球更易于运送物资，所以可作为人类了解其他星球的中转站。

74

月球上的奇异迹象

美丽的月亮曾经让人无限向往，而当宇航员登上月球时，看到的却是一片荒漠，没有一点儿生命的迹象。但是，就是在这里曾经发生了种种神秘莫测的奇异现象。

奇怪的"哨声"

超神奇！

月球并不是圆（或球形）的，它的形状更像鸡蛋。当你在夜空中举头望月时，它那鸡蛋形的两个尖端之一就正对着你。

"阿波罗"15号是美国阿波罗计划中的第九次载人任务，也是人类第四次成功登月。宇航员斯科特和欧文乘坐"阿波罗"15号踏上月球的时候，另一名留在指令舱中的宇航员沃登听到了（录音机同时录到）一段很长的哨声，随着音调的变化，组成了20个字。这来自月球的陌生"语言"切断了沃登与

探索宇宙奥秘

另外两名宇航员的一切通
信联系。

刻有图形线条的方尖石

"月球" 2 号探测器拍摄到月面上的静海区有一些方
尖石，这些方尖石底座宽约 15 米，高 12～22 米，最高
达 40 米。有人对这些方尖石的分布做了详细研究，推测
出了方尖石的位置，指出方尖石的分布区域是一个三角
形，很像埃及开罗附近的吉萨金字塔，但方尖石上的许
多几何图形线条不像是自然侵蚀形成的。

智能活动

法国科学家撰写
的《月球及其对科学
的挑战》一书中的月
面照片展示了月面上
的一些地形。作者表

宇宙科学馆

"月球" 2 号是 1959
年苏联发射的无人月球探
测器，它是世界上首个
在月球表面硬着陆的航
天器。

示：这些照片原本是彩色的，那种生动的图像令人吃惊，
它们表明，月球上可能存在智能活动。

月面暂现

月面上出现的奇异辉光会散发出一些神秘的云雾，这会使月球局部地区暂时变暗、变色，甚至有些环形山会突然消失或莫名其妙地变大，这种现象被称为月面暂现现象。

超神奇！

宇航员们曾发现，月球表面有许多地方覆盖着一层玻璃状物质，这表明，月球表面似乎被炽热的火球灼烧过。

月面暂现现象的发现

月面暂现现象的记载可以追溯到 800 多年前。1178 年的一个蛾眉月之夜，英国有 5 个人在不同的地方发现，在弯弯的月钩尖角上有一种奇异的闪光。但当时这些目击者的报告并未引起人们的重视。

1783 年，天王星发现者威廉·赫歇尔用望远镜观测月球时发现在月球的阴暗部分，有一处地方在发光，其亮度和一颗 4 等红色暗星相仿。

1787 年，他又观测到了这种现象，并形容它"好像燃烧着的木炭蒙上了一层薄薄的热灰"。赫歇尔发表两次报告之后，送到天文台的这种观测报告日渐增多，至今已有 1500 多篇。

1949 年，英国天文学家穆尔连续见到两次月面上发出的辉光。

1958 年，苏联普耳科沃天文台的科兹洛夫在观测月球时，见到阿尔芬斯环形山的中央峰上有粉红色的喷发现象，并持续了大约半小时之久。他拍下了这次喷发的光谱照片，这是月面暂现现象的第一个科学依据。

月面暂现的特征

据统计，月面暂现现象多数出现在阿里斯塔克及阿尔芬斯两个环形山区域，每处有三四百起，其次是在月面洼地的边缘地区。这些辉光亮暗不一，持续时间也有长有短（平均为 20 分钟），涉及范围有几十千米。

月面暂现形成的原因

月面存在暂现现象，几乎已经得到了人们的公认，但其产生的原因至今不明，目前主要有以下几种学说来解释其原因。

第一，月球火山喷发说。内部活动停止了 32 亿年的月球，偶尔有零星的短暂火山喷发也是有可能的。但是，无论是地面望远镜观测，还是探月飞船实地探测，都没有找到月球上火山爆发留下的新鲜熔岩痕迹。所以，此说法疑点很多，不足为信。

第二，太阳辐射说。这种假说认为月球发光与太阳黑子活动密切相关。月球不像地球那样有稠密的大气层保护，是不是太阳辐射就能刺激月球表面物质发光呢？这大有疑问。

第三，地球引力潮汐说。这种假说认为月球靠近地球时，月壳受到地球潮汐作

用，触发了月震，使密封在月表下的气体从裂缝和断层中释放出来，吹扬了月球表面的尘埃。这些飘飘扬扬的尘埃在月球的

真空状态中能滞留 20 分钟，可以从不同角度反射阳光，就形成了"闪光现象"。但这又怎么能解释月球背面的闪光呢？此说法很难自圆其说。

第四，月岩爆炸说。这是美国人理查德·齐托根据月球闪光多发生于太阳照射的明暗交界带提出的最新说法。明暗界线上忽冷忽热的温差变化，导致月岩产生了如同冷玻璃杯被倒进开水而爆裂的效果。爆裂后漫射电子点燃了月岩所含的挥发性气体氦和氖，从而发出闪光。人们在地面实验室中进行月岩标本爆裂的模拟实验证明，真的会迸发出小火花。所以，这是目前对月面暂现现象较有说服力的一种解释。

月球里的现象

一位英国天文学家曾打趣说："如果我们带着望远镜回到恐龙时代，便会发现，那时的月球与今天所见的完全一样。"但实际上，月球并不是完全死寂的，它还有许多神秘的局部活动现象。

超神奇！

阿里斯塔克环形山位于月球最大月海——风暴洋的有利位置，是近地月面上最光亮的一座大型环形山，很容易被观测到。

第一次红色斑点现象

天文学家们不止一次在月球表面发现神秘的红色斑点。美国洛韦尔天文台的两位天文学家在观测和绘制阿里斯塔克环形山及其附近的月面图时，先后两次在这片地区发现了使他们惊讶的红色斑点。第一次是在 1963 年 10 月 29

日，一共发现了 3 个斑点。先是在阿里斯塔克以东见到了一个椭圆形斑点，呈橙红色。在它附近还有一个小圆斑点。这两处斑点从暗到亮，再到完全消失，大约经历了 25 分钟的时间。

第三个斑点是一条淡红色条状斑纹，位于阿里斯塔克环形山东南边缘的里侧，出现和消失的时间大体上比另外两个斑点迟 5 分钟。

第二次红色斑点现象

第二次观测到的奇异红斑也是在阿里斯塔克环形山附近，红斑存在的时间长达 75 分钟。这次由于时间比较充裕，洛韦尔天文台有好几位工作者不仅看到了红斑，还拍下了一些照片。为了证实所观测到的现象是确实存在的，他们还特地给另一个天文台打了电话，告诉那里的朋友们赶快观测月球上的异常现象，但故意没有说清楚是在月球上的什么地方。得到消息的科学家立即用反射望远镜进行搜寻，很快就发现了目标。结果是：两处天文台观测到的红斑的位置完全一致，这说明观测无误。红斑确实是存在于月面上的某种现象，而不是地球大气或其他因素造成的幻影。

　　这两次色彩异常的现象都发生在阿里斯塔克环形山区域，而且都是在它开始被阳光照到之后不到 2 天的时间内。考虑到这些方面，有人认为月面上出现红色斑点的现象可能并不罕见，只是不知道它们在什么时间、什么地区出现。红斑出现和存在的时间一般都不长，要观测到它们并不那么容易，需要具备合适的观测仪器，以及丰富的观测经验和技巧。也有人认为这类现象可能与太阳及其活动有关。还有人认为，这类变亮和发光现象经常发生，单是在阿里斯塔克环形山区域就发生过很多次，这表明它们是由月球内部的某种原因引起的。

质集现象

　　为了深入探索月球，20 世纪 60 年代，美国发射了数个月球探测器。天文学家从这些探测器带回的数据发现，探测器在轨道上的运行速度有时快，有时慢，而当探测器飞到月海区域中时，速度会非常快。由此，天文学家们认为：月球内部的密度并不是对称分布的，在月海区域的质量可能较大，因此会产生附加引力效应，从而导致探测器的速度变快，这种现象称为质集现象。

对于月球上出现质集现象的原因，人们主要有两种观点。

观点一：由于月球上的环形山是由陨星撞击而来的，因此，这些陨星可能还埋在那里，这些陨星里的主要成分可能是铁，这样一来，此处的物质比就会比普通月面的物质比要大，最后便出现了质集现象。

观点二：月球形成初期，月面上的月海还是真正的海洋，由于月球没有大气层的保护，当太阳直射月球表面时，海水就会蒸发，而海底中沉积物的密度非常大，这些区域的引力也比其他区域要大，这样便出现了质集现象。

由于对质集现象的形成原因至今还没有定论，因此，月球的质集现象仍然是个未解之谜。

宇宙科学馆

陨星指降落于地球表面的较大的流星体，大部分陨星的主要成分是硅酸盐，还有一部分是铁和镍。

月球景观

我们知道地球上有许多美丽的景观，你知道月球上的景观都有哪些吗？接下来让我们一起去体验一下吧！

月面上的辐射纹

在月球的表面，有一些射向四方的亮带，这些亮带的辐射点为环形山，可沿直线穿过山脉、月海以及环形山，这就是著名的辐射纹。

有关辐射纹的形成原因，目前还未有定论，但大多数科学家认为，辐射纹的形成原理与环形山的形成原理具有很密切的联系。还有一部分人认为，辐射纹的形成与小天体撞击月球有关，由于月球上的引力很小，因此，小天体撞击月球时会导致高温碎块飞得很远，于

是形成了辐射纹。此外，还有一些科学家认为，辐射纹的形成与月球上的火山爆发有关。

月球上的火山

研究发现，月球的表面被很大的玄武岩（火山熔岩）层覆盖，而在月球的阴暗区（主要分布在月球的正面），还存在着少量的黑色沉积物、火山圆顶、火山锥等火山特征。

据统计，月球上火山的年龄在 30 亿～40 亿年，科学家们研究发现，月球上影响火山喷发的因素主要为地形的高度和月壳的厚度。

月球上的玻璃珠

宇航员们踏上月面后，发现月面并不像我们想象的那样柔软，让宇航员们感到奇怪的是，当他们在月面上行走时，脚底下非常滑，就好像走在铺满珠子的地上一

宇宙科学馆

地球上的火山按活动情况可分为三种。正在喷发或呈周期性、间歇性喷发的，称为活火山；早已停止喷发，且火山构造已被严重破坏，仅保留早期喷发遗迹的，称为死火山。还有一种休眠火山。

样。为了清楚地了解这种情况，他们取走了月球表面的一些土壤样品。

科学家们研究发现，月球表面的土壤中，含有很多规格很小的玻璃珠，这些玻璃珠还带有色彩。月球上的这些玻璃珠用肉眼很难看到，只有把它们放在显微镜下才能看到。

超神奇！

2021年10月19日，中国科学院发布了一项关于"嫦娥"五号采回的月球样品的研究成果。科学家们发现，"嫦娥"五号带回的玄武岩形成年龄为20.30亿±0.04亿年，这意味着月球上的岩浆活动一直持续到距今约20亿年。

关于这些玻璃珠的来源，曾有人认为，这些玻璃珠可能是火山喷发物经过冷却以后形成的；也有人认为，这些玻璃珠可能是由流星体撞击月面以后，产生了高温高压，从而使得岩石熔化，最后向四周飞溅所形成的。但是这两种推测提出后很快就被否定了，后来科学家们也通过各种数据和方法去测定这些玻璃珠的来源，但迄今为止，还没有弄清这些玻璃珠的来源。

人类的登月之旅

在太空探索中，月球作为地球的近邻，因其特殊的位置、丰富的资源而受到关注，因此，对于月球的探索活动，人类从来就没有停止过。

苏联的探月活动

苏联的探月活动主要集中在 1959—1976 年，在这期间苏联共进行了 4 个系列的探月活动。

1959 年 1 月 2 日，苏联的"月球"1 号探测器发射，并在距离月球表面约 7000 千米的地方与月球擦肩而过。

1959 年 9 月 12 日，苏联发射的"月球"2 号探测器，在月球表面的澄海硬着陆。

1959 年 10 月 4 日，苏联发射"月球"3 号探测器。

1966 年 1 月 31 日，苏联发射的"月球"9 号探测器，

带回了月球的全景照片。

1966年3月31日，苏联发射了"月球"10号探测器，其为世界上第一个绕月飞行的探测器。

1970年9月12日，苏联发射的"月球"16号探测器，使用钻头采集了月岩的样品。

1976年8月9日，苏联发射了"月球计划"中的最后一个月球探测器"月球"24号。

1964—1970年，苏联开始实施第二个系列的探月计划，随后发射了"宇宙"系列的探测器，1972年发射的"联盟"L3号探测器因火箭故障而失败。

美国的探月活动

虽然美国的月球探索之旅并不比苏联晚，但其起步阶段比较晚，所以探月工程"第一"的宝座落在了苏联。

1958—1976年，美国共进行了7个系列的探月活动，共发射了54个探测器，其中有5个系列的探月活动成就较大，对人类的探月工程产

超神奇！

美国"阿波罗"系列的探月工程，是当代规模最大、耗资最多的科技项目之一。

生了巨大的影响。这 5 个影响重大的系列分别是"先驱者""徘徊者""勘测者""月球轨道器""阿波罗"。

1958—1959 年的"先驱者"系列是美国最早的探月工程,在这期间美国共发射了 5 个探测器,这为美国后来的探月工程奠定了坚实的基础。

1961—1965 年的"徘徊者"系列,带回了大量有价值的数据,在这期间共发射了 9 个探测器,其中有 6 次失败,3 次成功。

1966—1968 年的"勘测者"系列探测器不仅突破了软着陆的关键技术,还获得了大量月球资料。

1966—1967 年的"月球轨道器"探测器的主要任务是拍摄月面的地形图,为载人登月选择着陆点。

"阿波罗"系列实现了人类登月并安全返回的梦想。

中国的探月活动

2004 年,中国正式宣布将开展月球探测工程,并将该工程命名为"嫦娥工程"。

2007 年 10 月 24 日,"嫦娥"一号发射升空,实现了中国首次绕月飞行。

2010 年 10 月 1 日，"嫦娥"二号发射成功。

2013 年 12 月 2 日，"嫦娥"三号发射成功，并顺利在月球正面的虹湾地区实现软着陆。

2013 年 12 月 14 日，"嫦娥"三号的巡视器——"玉兔"号月球车驶抵月球表面，进行月球表面勘测。

2018 年 5 月 21 日，"嫦娥"四号中继卫星"鹊桥"号发射成功。

2018 年 12 月 8 日，"嫦娥"四号发射成功。

2019 年 1 月 3 日，"玉兔"二号随着"嫦娥"四号登上月球，开始月球背面的探索之旅。

2020 年 11 月 24 日，"嫦娥"五号发射成功。

宇宙科学馆

"嫦娥"一号发射成功，标志着中国已经成为世界上第五个发射月球探测器的国家，其辉煌的成就将永远留在人类探月图鉴中。

月球车的探月活动

世界上第一颗人造卫星发射成功后，人们便开始做飞向地外天体的准备。然而，在对月球表面的探测过程中，采取什么样的运输工具才有可能在月面上进行实地考察呢？于是，月球车应运而生。

首次驾驶月球车

为了使月球车在月面上能够顺利行驶，美国、苏联曾发射了一系列的卫星探测器，并对月面环境进行了反复的科学实验，为在探测器上携带月球车的成功打下了坚实的基础。

1971 年 7 月 31 日，美国"阿波罗"15 号的宇

超神奇！

1970 年 11 月 17 日，苏联发射的"月球"17 号探测器把世界上第一台无人驾驶的月球车——"月球车"1 号送上了月球。

航员戴维·斯科特和詹姆斯·欧文进行了人类首次有人驾驶月球车的行驶试验，他们驾驶着四轮月球车，在崎岖不平的月球表面上，越过陨石坑和砾石，行驶了数千米。

月球车的类型

月球车主要分为两类：无人驾驶月球车和有人驾驶月球车。

无人驾驶月球车由轮式底盘和仪器舱组成，用太阳能电池和蓄电池联合供电，这类月球车靠地面遥控指令行驶。

有人驾驶月球车是由宇航员驾驶并在月面上行走的车，主要用于扩大宇航员的活动范围和减少体力消耗，可随时存放宇航员采集的岩石和土壤标本。这类月球车的每个轮子都由一台发动机驱动，靠蓄电池提供动力，轮胎在 –100℃低温下仍可保持弹性，宇航员操纵手柄驾驶月球车，可前进、后退、转弯和爬坡。

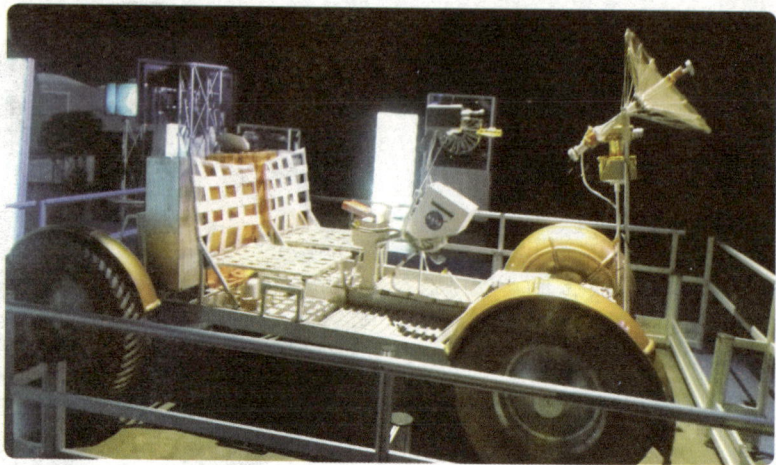

月球车的功能

月球车的工作环境比较特殊，所以月球车必须适应力学环境和空间环境，经得起摔、打、滚、爬。除此之外，由于月球车"责任"重大，需要采集月球上的一些样品，所以月球车还应具备前进、后退、转弯、爬坡、取物、采样、识别、绕过障碍物等功能。

宇宙科学馆

力学环境指月球车在发射上升过程中运载火箭所产生的冲击、震动、过载和噪声，以及降落月面过程中制动火箭所产生的冲击、过载和用气囊缓冲着陆产生的弹跳、翻滚。